くらべてみよう！

学校のまわりの外国から来た植物

2 道路

セイヨウタンポポ・シロツメクサほか

写真・文
亀田龍吉

汐文社

日本各地に外国から来た植物がふえていますが、なかでも市街地の道端や幹線道路ぞいなどはとくに帰化植物が目立ちます。その原因はなんでしょうか。帰化植物がたくましい生命力を持っていることも理由のひとつですが、人間が作った道路やそのまわりの舗装された環境が、それまで育っていた日本の在来種にはすみづらくなってしまい、外国の岩場や乾燥地になれた外来種にとって代わられたということもあるのではないでしょうか。身近な植物を観察することで、今、あらためて自分たちのすむ環境を見つめ直してみたいものです。

はじめに

茎のいちばん上に花をつけながら成長するヒナキキョウソウ。

もくじ

外国から来た植物について

外国から来た植物（外来種）のうち、最初は人が持ちこんだのに、人が育てなくても自然に生えてきて、すっかり日本にすみつくようになった植物（野生種）を「帰化植物」といいます。帰化植物はさらに、

①弥生時代あたりまでに米や麦などの作物に混ざって中国などから持ちこまれた「史前帰化植物」。

②それ以後、江戸時代までに入ってきた「旧帰化植物」。

③江戸時代末期に鎖国が終わってから現在までに入ってきた「新帰化植物」。

この3つに分けられることがあります*。

このうち史前帰化植物は日本にすみついてから長い時間がたっているので、この本では在来種としてあつかい、旧帰化植物と新帰化植物を帰化植物として話を進めたいと思います。

これまでの時代とくらべても現代は、海外との行き来が盛んになるばかりですし、それにともなって野菜や穀物、牧草、園芸植物などの輸入もふえて、今では帰化植物は1,000種以上もあるのではないかといわれています。その中には人の役に立っているものや、親しまれているものもあれば、逆にふえすぎて困っているものや、在来種を追いやってしまっているものもあります。しかし、いずれにせよ、帰化植物からすれば知らない土地に連れてこられて、ただいっしょうけんめい生きているだけかもしれません。もともと人が持ちこんだものですから、うまくつきあっていく方法を考えていかなければならないでしょう。外国から来た植物に目を向けることは、人間生活や環境や自然について考えることにもつながっているのです。

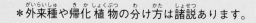

*外来種や帰化植物の分け方は諸説あります。

4

この本の使い方

青字で表記した植物は、
外来種・帰化植物。

赤字で表記した植物は、
日本に自生する在来種。

自然状態で生育し
ている環境写真。

植物のおもしろ情
報をイラストで楽
しく紹介。

●分類
植物の仲間分けのこと。本書
では科名とそれより小さな仲
間分けの属名を紹介。

●原産地
外来種・帰化植物の原産地。
野生種として自然分布してい
る地域。

●分布
日本列島を「北海道、本州、
四国、九州、沖縄」の5ブ
ロックに分け、野生種が生育
している地域を紹介。

●花期
花の咲く時期。日本列島は南
北に長く、地域によって咲く
時期が異なるため6〜8月と
いうように幅をもたせて表示。

●渡来時期
外来種・帰化植物が日本に
渡ってきた時期。

植物の花のつくり

タンポポの花の つくり

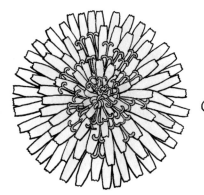

100個ほどの花（舌状花）の集まり

めしべ 1本

花びら 5枚
（合わさっている）

おしべ
5本
（合わさっている）

冠毛
（綿毛になる）

子房

これが 1つの花（舌状花）

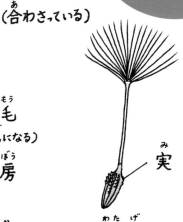

実

綿毛

5

キキョウソウ

ハルジオン

植物環境マップ
道路

シロツメクサ

日本には大小の道路があみの目のように張りめぐらされています。大きな道は車道と歩道が分けられ、わずかな街路樹のスペース以外はほとんど土も見えない状態です。それでもわずかな土や舗装路のすきまにもしっかりと根を下ろす植物があります。夏には舗装路の表面はさわれないほど熱くなりますし、冬には雪や氷におおわれる過酷な環境です。どんな植物でも生きられるわけではありません。でも、そうした環境がふえているのでそこで生き残れるかどうかは、植物をはじめ生き物たちにとってとても重要なことなのです。
この巻ではそんな道端の外国から来た植物を中心に、近い仲間の在来種などを紹介していきます。

ムシトリナデシコ

オッタチカタバミ

セイヨウタンポポ

セイヨウタンポポ

原産地の
ヨーロッパでは
サラダに！

花の下がわにある総苞片とよばれる部分が外がわにそりかえっているのが特徴。葉の切れこみ方にはいろいろある。

明治時代に食用として日本に入ったのが最初といわれています。自分の株だけでたねを作れ、春以外の季節にも花をつけられる性質を持っています。在来種より人間の開発した環境に合っていたため、街中やその周辺で見かけるタンポポの多くはこのセイヨウタンポポになりました。

冬でも陽だまりでは花をつけ、虫がいなくてもたねができる。

外来種

● 分類：
キク科・タンポポ属
● 花期：3 〜 10月
● 原産地：ヨーロッパ
● 渡来時期：明治時代

コンクリートのすきまにも生え、春以外にも花を咲かせる。

カントウタンポポ

花の下の総苞片はそりかえらず、先端の外がわに小さなでっぱりがあることが多い。

探してみよう！日本の在来種

ほかの株の花粉を虫に運んでもらわないと、たねはできない。

●分類：キク科・タンポポ属
●花期：3〜6月
●分布：本州

在来種

土手やあぜ道などの草地に多い。開花後、夏までに地上部はなくなり、秋にまた芽を出して、葉を地面に広げて冬をこす。

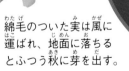

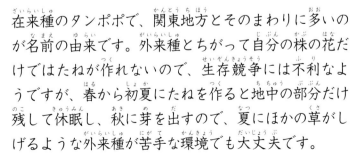

綿毛のついた実は風に運ばれ、地面に落ちるとふつう秋に芽を出す。

在来種のタンポポで、関東地方とそのまわりに多いのが名前の由来です。外来種とちがって自分の株の花だけではたねが作れないので、生存競争には不利なようですが、春から初夏にたねを作ると地中の部分だけ残して休眠し、秋に芽を出すので、夏にほかの草がしげるような外来種が苦手な環境でも大丈夫です。

9

カンサイタンポポ

●分類：キク科・タンポポ属
●花期：3〜6月
●分布：本州、四国、九州

見つけにくくなった
西日本の在来種

関西地方から四国、九州で見られる在来種のタンポポです。土手やあぜ道などに生えますが、除草剤などの影響もあり、数がだんだんへってきているようです。花びら（舌状花）の数はやや少なめで、全体に細身です。

シロバナタンポポ

●分類：キク科・タンポポ属
●花期：3〜10月
●分布：本州、四国、九州、沖縄

西日本から
九州に多い
白い花

関東地方より西に生え、四国や九州など、西に行くほどよく見られる白い花の在来種です。在来種としてはめずらしく、花の下の総苞片が少しそりかえり、ほかの株の花粉がなくてもたねができるなどの特徴があります。

くらべてみよう！

カンサイタンポポ
総苞片は細めで、そりかえらない。

シロバナタンポポ
総苞片は少しそりかえる。

トウカイタンポポ
総苞片はそりかえらず、先がでっぱる。

エゾタンポポ
総苞片は幅広く、先は細くとがる。

アイノコタンポポ
総苞片は外来種との中間的な形。

ブタナ

タンポポそっくりな花を、細くて長い茎の先に咲かせる。肉厚の葉は食用にもなる。

タンポポに似ている花

タンポポの花は小さな花（舌状花）が多数集まってできていて、キク科のこのような花を頭花といいます。身近にあるタンポポに似た花には、ノゲシやコウゾリナなど、すでにおなじみのものもありますが、ここでは最近よく目にする外来種2種をとりあげました。

フトエバラモンギク（左）とセイヨウタンポポ（右）の綿毛。

フトエバラモンギク

草丈50 〜 70cmでタンポポより舌状花が少ない。タンポポそっくりの巨大な綿毛ができる。

11

オッタチカタバミ

外来種

●分類：カタバミ科・カタバミ属
●花期：3 〜 10月
●原産地：北アメリカ
●渡来時期：昭和時代

立ち上がる
茎が名前の由来！

生える場所にもよるが、
草丈は8〜25cmくらい。

在来種のカタバミは茎が地をはうのにたいして、こちらはその名のとおり、茎が立ち上がるのが特徴です。昭和時代に北アメリカから入ってきて、一気に各地へ広がりました。

花の中心は
明るい緑色

外来種のカタバミは赤紫色の花をつけるものが多いのですが、その中でも古い方で、江戸時代末期に入ってきました。今では日本中で見られます。

ムラサキカタバミ

外来種

●分類：カタバミ科・
カタバミ属
●花期：3 〜 12月
●原産地：南アメリカ
●渡来時期：
江戸時代末期

カタバミ

葉の形が日本の代表的家紋に！

地をはって横にのびる丈夫な在来種で、どこにでも生えてよくふえるので、繁栄のしるしとして昔から家紋の図案に使われました。葉は夜には閉じて眠ります。

●分類：カタバミ科・カタバミ属
●花期：3 〜 10月
●分布：日本全土

在来種

地下に長く大きな根を持ち、茎からも根を出しているので、むしられてもまた生えてくる。

葉の色に注目！

アカカタバミ

夜になると眠る葉

カタバミは夜になると葉を閉じるんだよ。雨の日も閉じるんだね。

葉が閉じると片方が食べられたように見えることから片喰みになったんだ。

葉が濃い赤紫色のカタバミをアカカタバミとよび、多くは花の中心が赤みがかっています。葉がうっすら赤いのはウスアカカタバミです。

茎の粘液で
虫を捕まえる！

ムシトリナデシコ

●分類：ナデシコ科・マンテマ属
●花期：5〜6月
●原産地：ヨーロッパ
●渡来時期：江戸時代

江戸時代にヨーロッパから入ってきたかわいい花です。葉の少し下の茎にベタベタした部分があって、茎を上がってくる虫をくっつけてしまうのが、名前の由来です。虫を食べるわけではなく葉や花を食べられるのを防いでいるのでしょう。道端や空き地などでよく見かけます。

茎の粘液で虫を捕まえる

茎が茶色になっている部分がねばねばなんだ。

捕まえて虫を食べるわけではなく、

葉や花に来るのを防ぐためだと考えられているよ。

道端にぎっしり！

ミチバタナデシコ

その名のとおり車道の端の舗装路のすきまなどに生える外来種。草丈30〜40cmの細い草で、小さく、とても美しい花を咲かせます。

カワラナデシコ

花びらは5枚で、先は細かく切れこむ。近い
仲間に外来種のカーネーションなどがある。

在来種

●分類:
ナデシコ科・ナデシコ属
●花期:5〜8月
●分布:
本州、四国、九州、沖縄

草原や林縁、河原などに生えて、
夏から秋にかけて、花びらの先
に糸のような細い切れこみがあ
るきれいな桃色の花（白花もあ
ります）を咲かせます。その美
しさから秋の七草のひとつにも
選ばれ、昔から人々に親しまれ
てきました。最近では開発など
による環境の変化で、残念なが
ら数がへってきています。

別名、大和撫子 とは？

昔、日本を大和と呼んでいた頃、
ナデシコの花は女性の姿にたとえられていたんだ。

美しく しとやかな その姿は、
まさに ナデシコの花のようだね。

15

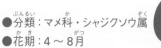
シロツメクサ

●分類：マメ科・シャジクソウ属
●花期：4〜8月
●原産地：ヨーロッパ
●渡来時期：江戸時代

●分類：マメ科・シャジクソウ属
●花期：4〜8月
●原産地：ヨーロッパ
●渡来時期：江戸時代

ピンクの
ポンポンが
かわいい
赤クローバー

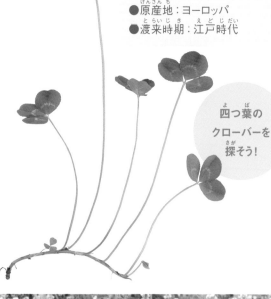

四つ葉の
クローバーを
探そう！

アカツメクサ

シロツメクサとアカツメクサはどちらもクローバーとよばれます。江戸時代には輸入されたガラス器などを保護するつめ物として利用されていましたが、明治時代以後、家畜のえさや緑肥（肥料になる草）として輸入されたものが野生化しました。

シロツメクサの葉は3枚の小さな葉（まい）（ちい）（は）からできていて、形（かたち）ももようも少（すこ）しずつちがい、同（おな）じものはふたつとありません。

~名前（なまえ）の由来（ゆらい）~　白詰草（しろつめくさ）

昔（むかし）、オランダから輸入（ゆにゅう）した
ガラス器（き）を乾燥（かんそう）した
クローバーで守（まも）っていた
ことによる。

プチプチのような
クッション材（ざい）に
使（つか）っていたんだね。

白（しろ）い花（はな）は　白詰草（しろつめくさ）
赤（あか）い花（はな）は　赤詰草（あかつめくさ）

シロツメクサの花（はな）は実（み）ができたものから茶色（ちゃいろ）くなって下（した）を向（む）く。

四（よ）つ葉（ば）の
クローバー

たまに4枚（まい）以上（いじょう）のものもあり、4枚（まい）のものは四（よ）つ葉（ば）のクローバーとよばれ、幸（しあわ）せを運（はこ）ぶといわれます。

17

アメリカオニアザミ

外来種

● 分類：キク科・アザミ属
● 花期：5〜7月
● 原産地：ヨーロッパ
● 渡来時期：昭和時代

するどいトゲに
ご用心！

昭和時代に北アメリカから輸入した牧草について入ってきたため、「アメリカ」と名がついてしまったようですが、本当のふるさとはヨーロッパです。人の背丈ほどにもなる草で、全体がトゲにおおわれていて、さわることもできません。

実には長い綿毛があり、風で遠くまではこばれる。

つぼみもするどいトゲでまもられている。

花には蜜を求めてチョウやハチが次々におとずれる。（写真はモンシロチョウ）

18

ノアザミ

若い茎は山菜として人気!

在来種

- ●分類：
  キク科・アザミ属
- ●花期：4～8月
- ●分布：本州、
  四国、九州

野原やあぜ道などで見られる日本の代表的なアザミです。ほかのアザミが夏から秋にかけて花が咲くのにたいして、初夏から夏にかけて咲き、花の下のトゲのあるところ（総苞片）はベタベタするのが特徴です。草丈は80cm前後です。

日本一大きいアザミ！

富士山周辺にだけ生える在来種のアザミで、花の大きさは日本一です。

フジアザミ

触れると わき出る花粉の秘密

虫が花に触れると、その刺激で花の先から花粉が出てくるんだ。

花の先を指で軽くたたいてみよう！

不思議ふしぎ！

白い花粉がわき出てくるよ。

花粉と一緒に出てきたのはめしべ。

メキシコマンネングサ

花も実も
星形で美しい!

黄色い星形の花は5枚の花びらと
10本のおしべが目立つ。直径1cm
の小さな花が次々に咲く。

外来種

● 分類：ベンケイソウ科・
マンネングサ属
● 花期：7 ～ 8月
● 原産地：不明
● 渡来時期：不明

名前に「メキシコ」とありますが、本当
のふるさとは分かっていません。この仲
間は全体に肉厚でいつでも明るい緑色を
しているので万年草とよばれ、学校の花
だんにもよく植えられています。

コモチマンネングサ

たねはできないが、ムカゴで大繁殖!

花の直径 1.2 ～ 1.5cm

在来種

- 分類：ベンケイソウ科・マンネングサ属
- 花期：5 ～ 6月
- 分布：本州、四国、九州、沖縄

種を作らずムカゴで増える花

これがムカゴ

ムカゴは茎の一部で植物の赤ちゃんのようなものなんだ。

ムカゴは葉の付け根にできる。

梅雨時に茎から地面に落ちる。

すぐに根を出すが、成長するのは翌年。

外来種のマンネングサの仲間はほとんどが日当たりのよいやや乾燥ぎみのところに生えますが、コモチマンネングサはあぜ道や街路樹の下など、やや湿ったところや、あまり日が当たらないようなところにも生えます。だから外来種とあらそうことも少ないようです。

ムカゴ

21

●分類：キキョウ科・
キキョウソウ属
●花期：5〜7月
●原産地：北アメリカ
●渡来時期：
明治時代中期

外来種

キキョウソウ

花が段々に
つくので別名
ダンダンギキョウ

道端や空き地に生える、小さなキキョウのような花です。花は丸い
葉のつけ根に段々につくので、ダンダンギキョウの別名があります。
ふつうの花のほかに、開かなくても実をつける花もあります。

外来種
●分類：キキョウ科・キキョウソウ属
●花期：5〜6月
●原産地：北アメリカ
●渡来時期：昭和時代

ヒナキキョウソウ

キキョウソウに似ていますが、茎のいちば
ん上だけに花をつけながら育ち、葉はキ
キョウソウより先が細く、とがっています。

茎がまっすぐに
のびる！

キキョウ

野生では
絶滅危惧種！

日本の山野に咲く紫色の美しい花で、昔から人々に親しまれ、秋の七草のひとつとして詠まれた「朝顔の花」はキキョウのことだといわれています。開発による環境の変化や持ち去られることなどが原因で、今では野生のものはすっかりへってしまいました。

在来種

●分類：
　キキョウ科・キキョウ属
●花期：6〜9月
●分布：日本全土

風船のようなつぼみ

まるで紙風船みたいだね！

イギリスでは バルーンフラワー って呼ばれているよ。

英語でバルーンは 風船、

フラワーは花のこと。

直径5〜7cmの星形の花。

別名「貧乏草」の由来とは?

ハルジオン

ヒメジョオン

ハルジオンとどこがちがうかな?

どちらも北アメリカがふるさとのキク科の帰化植物です。日本に来たのはヒメジョオンの方が早く、江戸時代末期に花を楽しむために輸入され、はじめはヤナギバヒメギクとよばれました。ハルジオンは大正時代に入ってきたあと急激にふえ、荒れた土地に多いので貧乏草ともよばれています。

草丈は30〜130cm。花のつぼみはあまり下を向かず、春から秋まで咲いている。

草丈は30〜50cm。花がつぼみのうちはおじぎをするように下を向いているのが特徴。

外来種

●分類：
キク科・ムカシヨモギ属
●花期：4〜6月
●原産地：北アメリカ
●渡来時期：大正時代

外来種

●分類：
キク科・ムカシヨモギ属
●花期：5〜10月
●原産地：北アメリカ
●渡来時期：江戸時代末期

くらべてみよう！

ハルジオンとヒメジョオンはとてもよく似ていますが、次のところをくらべてみると、簡単に見分けられます。

ハルジオン

ヒメジョオン

葉

葉のつけ根が茎をつつみこむように取り囲んでいる。

葉のつけ根は細くて、柄のようになっている。

茎の中

茎を横に切ってみると、中は空っぽになっている。

茎を横に切ると、中心部は白いスポンジ状になっている。

花

花びら（舌状花）は糸のように細く、色は白〜淡い紅色。

花びらは細いがやや幅広で、色は白か白に近い淡い紫色。

ペラペラヨメナ

明治時代に花を楽しむために輸入されました。平らな土地より川の堤防のすきまや石がき、崖などで多く見られます。花の咲きはじめは白色でしだいに赤色に変化し、全体にうすっぺらいのでこの名がつきました。

外来種

● 分類：キク科・ムカシヨモギ属
● 花期：3〜5月
● 原産地：中央アメリカ
● 渡来時期：明治時代

花の色が、白から赤へかわっていくよ

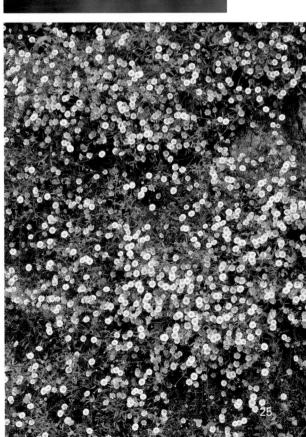

オランダミミナグサ

外来種

●分類：ナデシコ科・ミミナグサ属
●花期：4〜5月
●原産地：ヨーロッパ
●渡来時期：明治時代末期

都市部や住宅地でも、電柱の下や街路樹の根元など多くの場所で見られるヨーロッパ生まれの帰化植物です。全体に毛が多く、小さな苗で冬をこすと春に一気に育ち、小さな白い花を咲かせます。

日本全国どこにでも生えている帰化植物

花の柄の長さががくの長さと同じか、それより短いのが特徴。

花の似ている植物

ミミナグサとハコベはどちらも花びら5枚で似ていますが、ハコベは切れこみが深いので一見10枚あるように見えます。

コハコベ

茎は赤紫色がかる。おしべの数は1〜7本。

26

ミミナグサ

全体に毛が多く葉にも毛が
あり、見た目やさわった感
じがネズミの耳に似ている
のでこの名前がつきました。
やや湿った環境を好むこと
もあって、街中よりは田ん
ぼのあぜ道や山すそなどで
多く見かけます。

在来種

●分類：ナデシコ科・
ミミナグサ属
●花期：4〜6月
●分布：日本全土

漢字で書くと
耳菜草

ミドリハコベ

全体にやわらかく青々
としていて、1本のめ
しべの先は3つに分か
れ、おしべは5〜10本。

ノミノフスマ

葉はノミのフスマ（ふとん）にたとえられるほど
小さいが、花は直径約9mmと大きく平らに開く。

ワルナスビ

外来種

花はジャガイモそっくりで、じゅくすと黄色になる実には毒がある。

●分類：ナス科・ナス属
●花期：6〜10月
●原産地：北アメリカ
●渡来時期：明治時代

毒もあれば
トゲもある
危険植物！

葉にも茎にもするどいトゲがあるので「悪いナスビ（ナス）」の名がついた、北アメリカ生まれの帰化植物です。トゲだけでなく毒もあるので、決して実などを食べてはいけません。

ノラニンジン

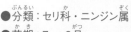
食べられないけれど
ニンジンの先祖！

外来種

●分類：セリ科・ニンジン属
●花期：7〜9月
●原産地：ヨーロッパ
●渡来時期：不明

畑にあったらニンジンと見分けがつかないほどよく似ています。それもそのはず、ニンジンの先祖のひとつともいわれているヨーロッパ生まれの帰化植物です。でも白い根は食べるには少しかたすぎます。

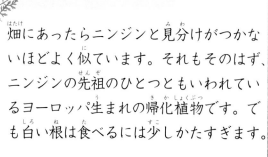

似ているナス科の花

ナス科にはワルナスビのように毒のあるものもありますが、おいしい野菜もたくさんあり、花もとてもきれいです。

ジャガイモ

トウガラシ

ミニトマト

ナス

ピーマン

似ているセリ科の花

ノラニンジンと同じセリ科には、たくさんの仲間があります。セリ科の花の多くはみなレースのかさを広げたような美しい形をしています。

セリ

ハナウド

ニンジン

ドクゼリ

シシウド

花粉症の原因植物

ブタクサ

外来種

- ●分類：キク科・ブタクサ属
- ●花期：7〜10月
- ●原産地：北アメリカ
- ●渡来時期：明治時代

夏から秋の花粉症の原因植物として知られる北アメリカ生まれの帰化植物で、道端や荒れ地などでよく見られます。花粉を虫ではなく風に運んでもらうため、細かく軽い花粉を大量に飛ばすのがその原因です。

草丈は30〜100cm。たくさんのびた花の茎に花びらのない雄花が多数つく。

道端や河川敷、荒れ地などに生え、大きな葉の形は変化にとんでいる。

花粉を出す雄花は、茎の先に穂のように集まってつく。

外来種

- ●分類：キク科・ブタクサ属
- ●花期：7〜9月
- ●原産地：北アメリカ
- ●渡来時期：明治時代

オオブタクサ

花はブタクサに似ていますが、その名のとおり大きいものは3mにもなります。葉がクワに似ているので、クワモドキの別名があります。

カモガヤ

● 分類：イネ科・カモガヤ属
● 花期：5〜8月
● 原産地：ヨーロッパ〜西アジア
● 渡来時期：明治時代

オーチャードグラスの名でも知られる牧草で、明治時代にはじめて輸入されました。今では各地の道端や空き地でよく見られます。スギやヒノキのあとの花粉症の原因植物のひとつです。

花の穂からたくさん下がっているのが、花粉の入ったおしべのふくろ。

ネズミホソムギ

● 分類：イネ科・ドクムギ属
● 花期：6〜8月
● 原産地：ヨーロッパ
● 渡来時期：明治時代初期

ネズミムギ（イタリアンライグラス）とホソムギ（ペレニアンライグラス）のふたつの牧草がいっしょになってできました。

これが花粉の正体だ！

カモガヤ　ブタクサ

大きさ

0.03ミリ　0.02ミリ

顕微鏡で見た花粉だよ。

花粉が目に入ると…

ハークシュン

花粉が鼻に入ると…

● 分類：イネ科・ハルガヤ属
● 花期：4〜7月
● 原産地：ヨーロッパ
● 渡来時期：明治時代初期

ハルガヤ

草丈は20〜60cmと低めですが、春の早い時期から穂を出してたくさんの花粉を風に飛ばします。

31